Principes des Réactions d'Oxydoréduction

Par Dr. Malika Ammam

Copyright© 2017 Malika Ammam. Tous droits réservés.

Offres de Remise

5% de réduction pour des achats de 1 à 5 livres.

8% de réduction pour des achats de plus de 5 livres.

Pour recevoir la remise, envoyez votre demande via https://www.malika-ammam.com/ avec les détails de votre commande et compte PayPal. Assurez-vous que les détails de votre commande (Amazon ou autres sites) ont dépassé la politique de retour de 30 jours.

Merci,

Section 3

Principes des Réactions d'Oxydoréduction

Concepts de Base avec Questions et Problèmes Résolus

Introduction

En tant que professeure de chimie physique, j'ai remarqué que les étudiants, même dans des classes avancées, ont des difficultés à comprendre les bases d'oxydoréduction (chimie redox ou électrochimie). Dans cette Section 3, j'ai discuté certains principes d'oxydoréduction, en se concentrant sur les espèces qui peuvent perdre ou gagner des électrons, la détermination des nombres (ou états) d'oxydation des atomes dans des substances ainsi que les diverses façons d'équilibrer les réactions d'oxydoréduction. Pour clarifier davantage les concepts discutés, un grand nombre de questions et problèmes avec réponses détaillées sont fournis. La plupart de ces questions sont formulées par des étudiants comme vous. Je crois que cette Section 3 aiderait grandement les étudiants avec des niveaux variant de l'école secondaire aux cours universitaires avancés.

Sommaire

À ce stade, les élèves devraient être capables d'identifier la structure électronique de n'importe quel élément et d'être en mesure de visualiser les électrons de la couche externe, qui pourraient être impliqués dans des processus d'oxydoréduction. Cette section résume les principes des processus d'oxydoréduction (ou électrochimiques) en se concentrant sur les espèces qui pourraient perdre ou gagner des électrons, détermination des nombres (ou états) d'oxydation des espèces impliquées dans ces processus redox et les moyens faciles d'équilibrer des réactions d'oxydoréduction.

1. Réactions d'oxydoréduction (ou électrochimiques)

Les processus d'oxydoréduction (ou électrochimiques) peuvent être définis comme étant des réactions chimiques impliquant l'échange d'électrons[1-2], qui pourraient être une réduction ou une oxydation. Une réduction se réfère à un processus où une molécule, un atome ou un ion gagne un ou plusieurs électrons. D'autre part, une oxydation subit le processus inverse où un ou plusieurs électrons sont perdus au cours du processus. Rappelez-vous que les électrons impliqués dans ces processus sont les électrons de valence situés dans la couche externe. D'autre part, bien que les deux demi-réactions d'oxydation et réduction puissent être exprimées indépendamment, les processus électrochimiques se produisent toujours ensemble où les électrons perdus par une espèce sont gagnés par une autre. Cela induit une sorte de flux d'électrons passant d'une espèce à l'autre, appelé transfert d'électrons.

Une réaction d'oxydoréduction d'une substance A subissant une oxydation (avec *m* électrons, me^-) avec une substance B soumise à une réduction (avec *n* électrons, ne^-) pourrait être résumée par les Eqs. (1) et (2). A et B peuvent être n'importe quels éléments du tableau périodique ou une combinaison d'atomes formant des substances ou composés moléculaires.

Demi-réaction d'oxydation: $(A \rightarrow A^{m+} + me^-) \times n$ (1)

Demi-réaction de réduction: $(B + ne^- \rightarrow B^{n-}) \times m$ (2)

Réaction globale: $nA + mB + mne^- \rightarrow nA^{m+} + mB^{n-} + nme^-$ (1+2)

Notez bien que les charges des deux espèces A et B ont changé pendant les processus d'oxydation et de réduction. A devient positif après la perte d'électrons et B négatif après avoir gagné des électrons. Les réactions d'oxydation et de réduction sont appelées demi-réactions d'oxydoréduction, et leur somme donne une réaction globale. Les électrons générés pendant l'oxydation sont consommés pendant la réduction, ainsi annulant toujours les électrons dans la réaction globale. C'est pourquoi les réactions d'oxydation et de réduction sont multipliées par les facteurs (n et m) pour égaliser le nombre d'électrons des deux côtés de la réaction globale. Notez bien que les réactions d'oxydoréduction peuvent impliquer le transfert d'un ou de plusieurs électrons, en fonction des substances réactives, des électrons de valence et des conditions expérimentales.

2. État (ou nombre) d'oxydation

L'état (ou nombre) d'oxydation fait référence à la variation de nombre d'électrons de valence d'une espèce, qui pourraient être un gain ou une perte lors d'un processus d'oxydoréduction[3-8]. Si un atome est oxydé (ou perdu des électrons), son nombre d'oxydation augmentera. En revanche, si un atome est réduit (ou gagné des électrons), son nombre d'oxydation diminuera. Notez bien que les nombres d'oxydation sont hypothétiques et n'ont pas de signification physique, mais ils sont très utiles pour déterminer le nombre d'électrons impliqués dans des processus d'oxydoréduction. Ils peuvent aussi faciliter l'équilibre les équations impliquées (en masse et charge). L'état (ou nombre) d'oxydation représente essentiellement la charge électrique d'un atome comme s'il était dissocié de la formule globale du composé, prenant en considération l'électronégativité de chaque partie dans la formule. Par conséquent, les réactions redox sont des réactions chimiques caractérisées par des changements d'états d'oxydation d'au moins deux atomes.

3. Identification d'oxydant et de réducteur

Les substances contenant des atomes oxydés, qui ont perdu des électrons, deviennent des agents oxydants. En raison du manque d'électrons dans leurs sous-couches de valence, les oxydants ont la capacité d'oxyder d'autres composés en retirant des électrons de leurs couches externes pour se réduire. En revanche, les substances contenant des atomes réduits deviennent des agents réducteurs. Puisque les réducteurs ont des électrons supplémentaires dans leurs couches de valence, ils ont la capacité de réduire d'autres substances en leurs donnant des électrons. Cela signifie que pendant les processus d'oxydoréduction, les agents oxydants deviennent des agents réducteurs et vice versa[3-8]. En d'autres termes, chaque agent réducteur donneur d'électrons devient un agent oxydant, et à son tour, tout agent oxydant acceptant un ou plusieurs électrons devient un agent réducteur. Dans l'Eq. (1), A^+ est l'oxydant et A est le réducteur. A^+ et A forment un couple redox, noté comme A^+/A. Cette notation est très pratique pour indiquer quelles espèces sont oxydées ou réduites et permettre l'identification correcte des demi-réactions d'oxydation et de réduction.

Les éléments ayant plusieurs états d'oxydation peuvent être des oxydants ou réducteurs à des états intermédiaires. Par exemple, Fe^{2+} peut jouer le rôle d'oxydant dans certaines réactions et de réducteur dans d'autres.

Fe^{2+} en tant qu'agent oxydant: $Fe \rightarrow Fe^{2+} + 2e^-$

Fe^{2+} en tant qu'agent réducteur: $Fe^{2+} \rightarrow Fe^{3+} + 1e^-$

4. Attribution d'état (ou nombre) d'oxydation

La configuration électronique des éléments discutés dans la section précédente aide à déterminer les états d'oxydation des espèces impliquées dans des réactions d'oxydoréduction. L'attribution d'un nombre (ou état) d'oxydation à un élément dans une substance (ou composé) doit toujours commencer par les éléments ayant des nombres d'oxydation stables, décrits par les règles ci-dessous[1-8].

- La première règle stipule que des éléments non combinés ou libres doivent avoir un nombre d'oxydation de zéro. Par exemple, Na, Au ou Fe ont tous un nombre d'oxydation de zéro parce qu'ils sont à des états non combinés ou libres.

- La deuxième règle suggère que les ions monoatomiques devraient avoir des nombres d'oxydation égaux à leurs charges formelles. Par exemple, le nombre d'oxydation de Na^+ est +1, Mg^{2+} est +2 et celle de S^{-2} est -2.

- La troisième règle indique que l'oxygène (O) a souvent un nombre d'oxydation de -2, comme dans NO et CO_2. Certaines exceptions à cette règle existent, comme dans le peroxyde d'hydrogène H_2O_2 (-1) et lorsque l'oxygène est combiné avec F dans OF_2 (+2).

- La quatrième règle indique que l'hydrogène dans les composés non ioniques devrait avoir un nombre d'oxydation de +1, comme dans CH_3, HCl et H_2O. Certaines exceptions à cette règle existent également lorsque H est combiné avec des métaux, tels que NaH ou MgH_2 (-1).

- La cinquième règle propose que le fluor (F) ait toujours un nombre d'oxydation de -1, comme dans NaF et KF.

- La règle numéro six indique que les éléments du groupe 1 du tableau périodique (Li, Na, K, Rb, Cs et Fr) ont souvent des états d'oxydation de +1, ceux du groupe 2 (Be, Mg, Ca, Sr, Ba et Ra) ont un état d'oxydation de +2 et les éléments du groupe III (Sc, Y, La et Sc) ont un état d'oxydation de +3.

- La règle numéro sept propose que les états d'oxydation des non-métaux ne comportant pas d'oxygène ou d'hydrogène dans leurs structures dépendent de leurs électronégativités. Les éléments ayant des électronégativités supérieures devraient avoir des états d'oxydation égaux à leurs ions négatifs communément connus. Par exemple, F dans SF_6 a une valeur d'électronégativité supérieure à S. Ainsi, le nombre d'oxydation de F est -1 et celui de S est +6. S dans CS_2 a une électronégativité supérieure à celle de C. Par conséquent, le nombre d'oxydation de S est -2 et celui de C est +4. Notez bien que cette règle n'est plus valide pour les éléments ayant des électronégativités similaires, comme N_4S_4.

- La règle numéro huit suggère que la somme algébrique de tous les nombres d'oxydation devrait donner la charge globale de la substance (ou composé). Pour des molécules ou composés neutres, la somme est nulle. Pour des composés ioniques chargés, la somme devrait donner la charge globale (positive ou négative). Par exemple, la charge globale de $(NH_4)(NO_3)$ est nulle, donc le composé est neutre. Dans ce cas, le nombre d'oxydation peut être déterminé séparément dans chaque composant: $(NH_4)^+$ et $(NO_3)^-$. Le nombre d'oxydation de H dans $(NH_4)^+$ est +1 et celui de N est -3, donc -3 + 4 (+1) = +1. De même, le nombre d'oxydation de O dans $(NO_3)^-$ est -2 et celui de N est +5, donc +5 + 3 (-2) = -1.

- La dernière règle propose que le nombre total d'oxydation soit toujours conservé durant les réactions chimiques. Cela permet de distinguer les processus d'oxydoréduction de ceux des réactions chimiques, où l'oxydation augmente le nombre d'oxydation et la réduction le diminue.

5. Équilibrer des réactions d'oxydoréduction

Équilibrer des réactions d'oxydoréduction est plus complexe que les réactions chimiques en raison du processus de transfert d'électrons supplémentaire. Deux méthodes principales sont souvent utilisées pour équilibrer les réactions d'oxydoréduction. Le premier est basé sur le nombre d'oxydation et le second sur la méthode de demi-réaction[1-8].

5.1. Méthode du nombre d'oxydation

Le nombre (ou état) d'oxydation pourrait être utilisé pour équilibrer des réactions d'oxydoréduction selon ces étapes suivantes.

- La première étape consiste à identifier les éléments soumis à des changements de nombres d'oxydation au cours du processus d'oxydoréduction.

- Ensuite, le nombre total d'électrons perdus par les réducteurs devrait être égal aux électrons gagnés par les oxydants.

- Les éléments restants qui n'ont pas subi de changements dans leurs nombres d'oxydation doivent être équilibrés.

- La dernière étape consiste à équilibrer les deux atomes de H et O présents des deux côtés des équations en ajoutant H_2O, H_3O^+, H^+ ou OH^-, en fonction de l'acidité du milieu.

Ce processus d'équilibrage pourrait se résumer comme: nombres d'oxydation-cations-anions-hydrogènes-oxygènes[9].

5.2. Méthode de demi-réaction

Bien que les processus électrochimiques se produisent simultanément, les réactions globales sont souvent divisées en demi-réactions d'oxydation et de réduction séparées pour faciliter le processus d'équilibrage. En oxydoréduction, le nombre d'électrons acceptés est toujours égal au nombre d'électrons donnés. Ainsi, la somme des deux demi-réactions (oxydation et réduction) doit toujours annuler le nombre total d'électrons dans la réaction globale. Les étapes suivantes doivent être suivies pour équilibrer les réactions redox en utilisant la méthode de demi-réaction.

- La première étape consiste à éliminer les ions spectateurs qui ne participent pas vraiment dans les réactions, tels que Na^+, SO_4^{2-} et ClO_4^-, et à se concentrer sur les espèces importantes participantes.

- Ensuite, la réaction globale doit être divisée en deux demi-réactions, chacune doit être équilibrée en conservant le même nombre d'atomes de chaque élément des deux côtés de l'équation. Ceci est souvent réalisé en ajoutant des ions d'eau (H^+, H_3O^+, OH^-) selon le milieu. Spécifiquement, des espèces comme (H^+, H_3O^+, H_2O) devraient être utilisées dans les milieux acides et (H_2O, OH^-) dans les milieux alcalins.

- Ensuite, des électrons peuvent être ajoutés pour équilibrer la charge. Pour égaliser le nombre d'électrons, les demi-réactions doivent être multipliées par des coefficients appropriés.

- La dernière étape consiste à additionner les deux demi-réactions et éliminer le nombre d'électrons ainsi que les espèces spectatrices.

Ce processus d'équilibrage pourrait être résumé comme: demi-réactions - réaction globale - ions non impliqués[9].

Résumé

Pendant des réactions d'oxydoréduction, il se produit une oxydation et une réduction où les électrons perdus par une espèce durant l'oxydation sont gagnés par d'autres espèces pendant le processus de réduction. La somme des deux processus de réduction et d'oxydation donne une réaction globale avec zéro net d'électrons. Il faut garder à l'esprit que les électrons échangés au cours de ces processus sont ceux qui occupent les couches de valence, faiblement attachés au noyau par des forces électrostatiques. Pendant des processus d'oxydoréduction, les nombres d'oxydation des espèces impliquées subissent des changements, en augmentant ou diminuant. Les atomes oxydés qui ont perdu des électrons au cours du processus montreront une augmentation de leurs états d'oxydations. En revanche, les atomes réduits qui ont gagné des électrons représenteront une diminution de leurs nombres d'oxydations. Bien que les demi-réactions d'oxydation et de réduction puissent être exprimées indépendamment, les processus électrochimiques se produisent toujours ensemble ou les électrons perdus par une substance sont gagnés par une autre. Par conséquent, pendant des processus redox, les agents oxydants deviennent des agents réducteurs et vice versa. L'attribution de numéros d'oxydation à des éléments dans des substances (ou composés) doit toujours commencer par les éléments ayant des nombres d'oxydation stables, résumés par les neuf règles ci-dessus. La connaissance des états d'oxydation est un bon moyen d'équilibrer des réactions d'oxydoréduction. Cependant, la méthode de demi-réaction pourrait également être utilisée pour atteindre cet objectif.

Références

1. Schüring, J., Schulz, H. D., Fischer, W. R., Böttcher, J., Duijnisveld, W. H. (1999). Redox: Fundamentals, Processes and Applications, Springer-Verlag, Heidelberg.
2. Masterton, W. L.; Hurley, C. N. (2008), Chemistry: Principles and Reactions, chapter 17, Cengage Learning.
3. Karen, P.; McArdle, P.; Takats, J. (2016), Comprehensive Definition of Oxidation State (IUPAC Recommendations 2016), Pure and Applied Chemistry. 88 (10).
4. Loock, H. P. (2011), Expanded Definition of the Oxidation State, Journal of Chemical Education. 88 (3): 282-283.
5. Jensen, W. B. (2007), The Origin of the Oxidation-State Concept, Journal of Chemical Education, 84, 1418.

6. Jensen, W. B. (2011), Oxidation States versus Oxidation Numbers, Journal of Chemical Education. 88 (12): 1599-1600.

7. Whitten, K.W.; Galley K. D.; Davis R. E. (1992), General Chemistry, 4th ed., Saunders.

8. Petrucci R. H.; Harwood W. S.; Herring F. G. (2002), General Chemistry, 8th ed., Prentice-Hall, pp. 81.

9. Dickerson, R. E.; Gray, H. B.; Haight, G. P. (1979), Chemical principles. 3rd ed. The Benjamin/Cummings Publishing Company, Inc., Menlo Park, CA.

Section 3

Questions Pratiques et Problèmes avec Solutions

Un ensemble de questions pratiques et problèmes avec solutions détaillées sont fournies pour mieux expliquer les concepts discutés.

Q1. i) Quel est le but de déterminer les nombres d'oxydation des éléments dans une substance?

ii) Déterminer le nombre d'oxydation de chlore dans ClO_3^-, soufre dans H_2SO_4, manganèse dans Mn_2O_3 et chrome dans $K_2Cr_2O_7$.

Sol1. i) Le nombre d'oxydation aide à déterminer le nombre d'électrons qui pourraient être perdus ou gagnés pendant une réaction d'oxydoréduction. L'identification des nombres d'oxydation aide à équilibrer correctement les réactions redox.

ii) Pour déterminer le nombre d'oxydation d'un élément dans un composé, ajouter d'abord les états d'oxydation de tous les éléments du composé: $Cl + 3(O) = -1$. Ensuite, utiliser les neuf règles pour identifier les nombres d'oxydation des éléments clés, tels que l'oxygène (-2). Cela donne: $Cl + 3(-2) = -1$. Finalement, trouver l'état d'oxydation du chlore: $Cl = -1 + 6 = 5$.

La même méthode devrait être utilisée pour le soufre dans H_2SO_4. Ajouter d'abord les états d'oxydation de tous les éléments du composé: $2(H) + S + 4(O) = 0$. Ensuite, utilisez les neuf règles pour identifier les états d'oxydation des éléments principaux. Ici, les états d'oxydation de l'oxygène et de l'hydrogène sont respectivement -2 et +1. Le remplacement de ces états d'oxydation donne: $2(+1) + S + 4(-2) = 0$. Par conséquent, S a un état d'oxydation de +6 dans H_2SO_4.

Pour le nombre d'oxydation du manganèse dans Mn_2O_3, ajouter d'abord les états d'oxydation de tous les éléments du composé pour obtenir: $2(Mn) + 3(O) = 0$. Ensuite, utiliser les états d'oxydation des éléments connus (l'oxygène est -2) puis remplacer l'oxygène par -2 pour donner: $2(Mn) + 3(-2) = 0$. Donc, l'état d'oxydation de Mn dans Mn_2O_3 est de +3.

De même, pour le chrome dans $K_2Cr_2O_7$, ajouter les états d'oxydation de tous les éléments du composé $2(K) + 2(Cr) + 7(O) = 0$. Une des neuf règles stipule que les états d'oxydation de l'oxygène et du potassium sont 2 et +1, respectivement. Ensuite, remplacer ces valeurs dans la formule pour obtenir: $2(+1) + 2(Cr) + 7(-2) = 0$. Donc, le nombre d'oxydation de Cr dans $K_2Cr_2O_7$ est +6.

Q2. i) Brièvement, définir les agents oxydants et réducteurs. Un composé pourrait-il jouer un agent oxydant et réducteur en même temps? Expliquer comment. La réaction entre l'oxyde de soufre (IV) et l'oxyde d'azote (IV) conduit à la formation d'oxyde nitrique et de trioxyde de soufre selon la réaction suivante:

$$SO_{2(g)} + NO_{2(g)} \rightarrow SO_{3(g)} + NO_{(g)}$$

ii) Est-ce que le processus est redox? Expliquer pourquoi et identifier les agents oxydants et réducteurs.

Sol2. i) Un agent oxydant est capable de capturer les électrons des autres composés. Par comparaison, un agent réducteur est capable de donner des électrons à des agents oxydants. Oui, un agent oxydant pourrait devenir un agent réducteur et vice versa, selon les conditions de la réaction.

ii) Oui, la réaction est redox car les nombres d'oxydation des éléments ont changé au cours du processus. Le nombre d'oxydation du soufre dans $SO_{2(g)}$ est de +4 et dans $SO_{3(g)}$ est de +6. Ceci suggère une oxydation car le nombre d'oxydation a augmenté. Le nombre d'oxydation de l'azote dans $NO_{2(g)}$ est de +4 et dans $NO_{(g)}$ est de +2. La diminution du nombre d'oxydation indique un processus de réduction.

En somme, l'agent oxydant est $NO_{2(g)}$ parce qu'il a gagné des électrons. L'agent réducteur est $SO_{2(g)}$ parce qu'il a perdu des électrons.

Q3. Déterminer les agents oxydants et réducteurs dans la réaction suivante: $AlCl_3 + 3K \rightarrow Al + 3KCl$

Sol3: Cette réaction globale est composée de deux réactions redox.

Oxydation: $3K^0 \rightarrow 3K^+ + 3e^-$

Réduction: $Al^{3+} + 3e^- \rightarrow Al^0$

Ainsi, $AlCl_3$ agit comme oxydant car il a gagné des électrons et K est le réducteur car il a perdu des électrons.

Q4. i) Identifier les nombres d'oxydation de Fe dans $Fe_{0,80}O$ et $[Fe(H_2O)_5(NO)]SO_4$.

ii) Calculer le nombre d'oxydation de Cu dans la réaction: $CuSO_4 + 2NaOH \rightarrow Cu(OH)_2 + Na_2SO_4$. Est-ce que cette réaction est redox?

Sol4. Le nombre d'oxydation de l'oxygène (O) est souvent -2. Ainsi, $0,80 \times Fe - 2 = 0$. Le nombre d'oxydation de Fe dans $Fe_{0,80}O$ est 2,5.

Les nombres d'oxydation de H_2O et NO sont nul et le nombre d'oxydation de SO_4 est -2. Ainsi, le nombre d'oxydation de Fe dans $[Fe(H_2O)_5(NO)]SO_4$ est +2.

ii) Le nombre d'oxydation de Cu est de +2 des deux côtés de la réaction. Puisque l'état d'oxydation n'a pas changé, la réaction ne peut pas être classée comme redox mais plutôt comme un processus chimique.

Q5. Considérer la réaction redox globale: $PbS + H_2O_2 \rightarrow PbSO_4 + H_2O$

Identifier les demi-réactions d'oxydation et de réduction. Quelles espèces sont les oxydants et réducteurs?

Sol5. L'identification des deux demi-réactions commence par l'écriture des couples redox. Les deux couples redox impliqués dans cette réaction sont: $PbS/PbSO_4$ et H_2O_2/H_2O.

Dans $PbS/PbSO_4$, l'état d'oxydation de S a augmenté de -2 à +6, donc ce couple devrait être la demi-réaction d'oxydation. L'équilibrage de la réaction est effectué en ajoutant H_2O, H^+ ou OH^- à la réaction.

$PbS + 4H_2O \rightarrow PbSO_4 + 4e^- + 4H^+$

La seconde demi-réaction implique le couple redox H_2O_2/H_2O, où le nombre d'oxydation de l'oxygène a diminué de -1 à -2. Donc, c'est la demi-réaction de réduction. De même, l'équilibre de la réaction est obtenu en ajoutant H_2O, H^+ ou OH^- à la réaction.

$(H_2O_2 + 2H^+ + 2e^- \rightarrow 2H_2O) \times 2$

Notez bien que la demi-réaction de réduction est multipliée par un facteur de 2 pour éliminer le nombre d'électrons dans la réaction globale.

L'oxydant est H_2O_2 parce qu'il a gagné des électrons et PbS est le réducteur parce qu'il a donné des électrons à H_2O_2.

Q6. Déterminer le nombre d'oxydation de P dans HPO_4^{2-}.

Sol6. Les neuf règles indiquent que le nombre d'oxydation de O est -2 et celui de H est +1. Ainsi, $+1 + P + 4(-2) = -2$, ce qui donne un état d'oxydation de +5 pour P dans HPO_4^{2-}.

Q7. i) À votre avis, que se passerait-il si $F_{2(g)}$ réagit avec $Cl^-_{(aq)}$? Expliquer le phénomène en utilisant des réactions redox. ii) Que se passerait-il si on barbote $Cl_{2(g)}$ dans une solution de $KI_{(aq)}$, et si on barbote $Br_{2(g)}$ dans une solution de $KCl_{(aq)}$?

Sol7. i) Tout d'abord, les potentiels redox des deux couples F_2/F^- et Cl^-/Cl_2 doivent être vérifiés pour comparer leurs réactivités. Le potentiel de réduction standard de F_2/F^- = 2,87 V vs. ENH et celui de Cl_2/Cl^- = 1,35 V vs. ENH. Ainsi, F_2/F^- est plus réactif et réduit Cl^- en Cl_2.

Les deux demi-réactions peuvent être résumées comme suit:

Réduction: $F_{2(g)} + 2e^- \rightarrow 2F^-_{(aq)}$

Oxydation: $2Cl^-_{(aq)} \rightarrow Cl_{2(g)} + 2e^-$

Réaction globale: $F_{2(g)} + 2Cl^-_{(aq)} \rightarrow 2F^-_{(aq)} + Cl_{2(g)}$

En résumé, cette réaction devrait produire du chlore gazeux.

ii) Lorsque $Cl_{2(g)}$ est barboté dans une solution de $KI_{(aq)}$, une réaction se produira si l'une des espèces est plus réactive que l'autre. Le potentiel de réduction standard de Cl_2/Cl^- = 1,35 V et celui de I^-/I_2 = 0,53 V. Ainsi, le chlore devrait être le réducteur puisque son potentiel est plus élevé, et les deux réactions redox peuvent être résumées comme.

Réduction: $Cl_{2(g)} + 2e^- \rightarrow 2Cl^-_{(aq)}$

Oxydation: $2I^-_{(aq)} \rightarrow I_{2(l)} + 2e^-$

Réaction globale: $Cl_{2(g)} + I^-_{(aq)} \rightarrow I_{2(aq)} + Cl^-_{(aq)}$

K^+ est un ion spectateur car il n'est pas impliqué dans la réaction, donc peut être ajouté aux deux côtés de la réaction pour donner: $Cl_{2(g)} + KI_{(aq)} \rightarrow I_{2(aq)} + KCl_{(aq)}$

Au cours de ce processus, un changement de couleur du violet au jaune sera observé.

De même, le potentiel de réduction du couple redox Br_2/Br^- = 1,066 V est inférieur à celui de Cl_2/Cl^- = 1,35 V. Par conséquent, Br_2 est moins réactif à réagir avec Cl^- pour induire une réaction redox. Par conséquent, aucun changement de couleur de la solution ne sera observé.

Q8. Que se passerait-il si une tige de $Mg_{(s)}$ est immergée dans une solution de $CuSO_4$? Expliquer le phénomène en utilisant des réactions redox.

Sol8. Pour comprendre ce qui va se passer, les potentiels redox des deux couples doivent être comparés. Le potentiel de réduction standard de Mg^{2+}/Mg = -2,372 V et celui de Cu^{2+}/Cu = + 0,337 V. En raison de son faible potentiel, Mg va se dissoudre dans la solution pour former Mg^{2+} et générer des électrons, qui seront utilisés pour réduire Cu^{2+} en Cu qui se déposera ensuite sur l'électrode. Pendant ce processus, la couleur bleue initiale de $CuSO_4$ disparaîtra avec le temps et un solide brun se déposera sur la tige de Mg. Les demi-réactions redox et la réaction globale peuvent être résumées comme suit:

Oxydation: $Mg_{(s)} \rightarrow Mg^{2+} + 2e^-$

Réduction: $Cu^{2+} + 2e^- \rightarrow Cu$

Réaction globale: $Mg_{(s)} + Cu^{2+}_{(aq)} \rightarrow Cu_{(s)} + Mg^{2+}_{(aq)}$

SO_4^{2-} est un ion spectateur qui ne participe pas à la réaction et pourrait être ajouté à la réaction finale pour donner: $Mg_{(s)} + CuSO_{4(aq)} \rightarrow Cu_{(s)} + MgSO_{4(aq)}$

Q9. Considérons la réaction entre le chlore gazeux et les ions de brome:

$Cl_{2(g)} + 2 Br^-_{(aq)} \rightarrow Br_{2(aq)} + 2Cl^-_{(aq)}$

i) Proposer une configuration pour effectuer cette réaction. ii) Cette réaction implique-t-elle des processus redox. Quelles espèces sont les agents oxydants/réducteurs et pourquoi?

Sol9. i) Une solution aqueuse de sel de Br comme KBr pourrait être placée dans un récipient qui sera ensuite barboté avec du chlore gazeux ($Cl_{2(g)}$). La réactivité dépendra des potentiels redox de l'espèce. Parce que le potentiel de réduction de Cl_2/Cl^- (1,35 V) est supérieur à celui de Br_2/Br^- (1,066 V), Cl_2 va oxyder Br^-. La réaction globale pourrait être divisée en deux demi-réactions.

Oxydation: $2\,Br^-_{(aq)} \rightarrow Br_{2(aq)} + 2e^-$

Reduction: $Cl_{2(g)} + 2e^- \rightarrow 2Cl^-_{(aq)}$

Ainsi, $Cl_{2(g)}$ est l'oxydant qui va collecter (ou gagner) des électrons et $Br^-_{(aq)}$ est le réducteur qui va donner (ou perdre) des électrons à $Cl_{2(g)}$. Au cours de ce processus, le nombre d'oxydation de Br passe de -1 dans Br^- à 0 dans Br_2, confirmant que Br^- donne des électrons au chlore et il est le réducteur (ou agent réducteur).

Q10. Sélectionner les bonnes réponses de chaque série de propositions multiples et expliquer pourquoi.

- L'état d'oxydation révèle: i) perte d'électrons d'un élément donné, ii) gain d'électrons par un élément, iii) aucun transfert d'électron impliqué, et/ou iv) perte ou gain d'électrons par un élément.
- L'état d'oxydation de S dans S_8 est: i) 0, ii) -2, iii) 10, et/ou iv) -4.
- Le nombre d'oxydation de H dans une liaison est: i) +1, ii) (+1 ou -1), iii) -5, et/ou iv) -1.
- Le nombre d'oxydation de l'oxygène dans OF_2 est: i) -2, ii) 0, iii) +2, et/ou iv) -1.
- L'état d'oxydation de O dans H_2O_2 est: i) -1, ii) -3, iii) +1, et/ou iv) -2.

Sol10.

- L'état d'oxydation d'un élément dans un composé exprime une perte ou un gain d'électrons. Pendant des processus redox, des changements dans les états d'oxydation se produisent. Ainsi, la réponse correcte est iv).
- L'une des règles stipule que les nombres d'oxydation des éléments non combinés et des substances neutres sont toujours nuls. Ainsi, S dans S_8 possède un nombre d'oxydation de 0. La bonne réponse est i).
- Le nombre d'oxydation de H est souvent +1, sauf dans les hydrures métalliques comme NaH, où il peut avoir un état d'oxydation de -1. Par conséquent, la bonne réponse est ii).
- L'oxygène a souvent un nombre d'oxydation de -2 et le fluor -1. Comme le fluor F est plus électronégatif que l'oxygène O, il conserve son état d'oxydation et celui de O doit être recalculé. Comme OF_2 est neutre, l'état d'oxydation de O dans OF_2 est +2. La bonne réponse est iii).

- L'oxygène a souvent un état d'oxydation de -2. Dans ce cas particulier, l'état d'oxydation de O est -1 puisque l'état d'oxydation de l'hydrogène est +1. Donc, la bonne réponse est i).

Q11. Identifier les bonnes réponses dans les propositions ci-dessous.

- Les états d'oxydation du chlore dans Cl_2, NaCl et NaOCl sont: i) (0, +1, -1), ii) (0, -1, +1), et/ou iii) (+1, 0, -1) .
- L'état d'oxydation de P dans PCl_5 est: i) -5, ii) 0, et/ou iii) +5.
- L'état d'oxydation de O dans BaO_2 est: i) -2, ii) 0, et/ou iii) -1.
- Les nombres d'oxydation de O dans O_2^+ et O_2^- sont: i) (+1/2 et -1/2), ii) (0 et -1), et/ou iii) (-2 et -2).
- L'état d'oxydation de N dans HN_3 est: i) 0, ii) -1/3, et/ou iii) -3.

Sol11.

- Cl_2 est une espèce neutre, donc l'état d'oxydation de Cl dans Cl_2 est 0. Le premier groupe du tableau périodique inclut Na avec un état d'oxydation de +1 et comme NaCl est neutre, Cl dans NaCl aura un état d'oxydation de -1. L'oxygène a souvent un état d'oxydation de -2 et Na^+ possède 1. Par conséquent, l'état d'oxydation de Cl dans NaOCl est +1. La bonne réponse est ii).
- Cl a un état d'oxydation de -1 et comme PCl_5 est neutre, le nombre d'oxydation de P dans PCl_5 est de +5. La bonne réponse est iii).
- L'état d'oxydation de Ba est +2 et comme BaO_2 est neutre, le nombre d'oxydation de O dans BaO_2 est -1. La bonne réponse est iii).
- Dans O_2^+, deux atomes d'oxygène partagent une charge de +1 et dans O_2^-, deux oxygènes partagent une charge de -1. Par conséquent, les états d'oxydation de O dans O_2^+ et O_2^- sont +1/2 et -1/2, respectivement. Donc, la bonne réponse est i).
- Dans HN_3, trois atomes de N partagent une charge de -1, ce qui donne un état d'oxydation de -1/3 pour chaque N. La bonne réponse est ii).

Q12. Identifier les bonnes réponses dans les propositions ci-dessous.

- Pour les métaux de transition: i) les éléments libres ont des états d'oxydation de 0, ii) l'état d'oxydation est égal à la charge des ions, et/ou iii) l'état d'oxydation des composés neutres est 0.
- Expliquer la raison pour laquelle Fe ne peut pas former un état d'oxydation +8 bien que Ru et Os puissent.

Sol12.

- Toutes les déclarations sont correctes pour les métaux de transition. Les éléments libres comme le Fe et Ni ont des états d'oxydation de 0. Les ions métalliques comme le Fe^{2+} et Au^{3+} ont des états d'oxydation de 2+ et 3+, respectivement. L'état d'oxydation des composés neutres comme $FeCl_3$ et $CuCl_2$ est de 0.

- Puisque Fe, Ru et Os occupent la même période du tableau périodique, ils ont tous le même nombre d'électrons dans leurs couches de valence. Fe possède 26 électrons avec la configuration électronique $[Ar]3d^6 4s^2$. Ainsi, si Fe utilise tous ses électrons, il peut former des états d'oxydation jusqu'à +8. Cependant, en raison de sa plus petite taille par rapport à celles de Ru et Os, il ne peut pas accueillir des charges positives plus élevées.

Q13. Classer les espèces suivantes par ordre croissant d'état d'oxydation: i) N dans (NO, N_2, HNO_2, NH_3 et HNO_3), ii) Cl dans (HClO, Cl_2, ClO_2 et HCl), et iii) S dans ($S_2O_8^{2-}$, H_2S, SO_2, S_8 et SO_4^{2-}).

Sol13. i) Avant d'établir un ordre, l'état d'oxydation de N dans chaque espèce doit être déterminé et comparé aux autres. Selon les règles principales, le nombre d'oxydation de H est de +1 et celui de O est -2. Parce que toutes les espèces sont neutres, les états d'oxydation de N dans (NO, N_2, HNO_2, NH_3 et HNO_3) sont respectivement (+2, 0, +3, -3 et +5). Par conséquent, l'ordre suivant pourrait être établi: $HNO_3 > HNO_2 > NO > N_2 > NH_3$

ii) La même procédure devrait être appliquée au second cas en déterminant les états d'oxydation de Cl dans toutes les espèces. L'état d'oxydation de O est souvent -2 et celui de H est +1. Ainsi, les états d'oxydation de Cl dans (HClO, Cl_2, ClO_2 et HCl) sont respectivement (+1, 0, +4 et -1). En somme, l'ordre suivant pourrait être établi: $ClO_2 > HClO > Cl_2 > HCl$.

iii) Dans la troisième série, l'état d'oxydation de O est souvent -2 et celui de H est +1. En conséquence, les états d'oxydation de S dans ($S_2O_8^{2-}$, H_2S, SO_2, S_8 et SO_4^{2-}) sont respectivement (+7, -2, +4, 0 et +6). L'ordre suivant pourrait être établi: $S_2O_8^{2-} > SO_4^{2-} > SO_2 > S_8 > H_2S$.

Q14. i) Brièvement, définir l'état d'oxydation d'un élément dans un composé. ii) Quelle est la différence entre l'oxydation et la réduction? iii) Pourquoi est-il important d'équilibrer les réactions chimiques? vi) Définir les agents oxydants et réducteurs.

Sol14. i) L'état (ou nombre) d'oxydation exprime le degré d'oxydation ou de perte d'électrons par un élément dans une substance. ii) L'oxydation exprime une perte d'électrons et une réduction un gain d'électrons lors des processus d'oxydoréduction. iii) L'équilibrage des réactions en masse et en charge permet de déterminer la stœchiométrie de chaque espèce impliquée dans la réaction et de permettre des calculs corrects car la masse et la charge sont toujours préservées durant les processus chimiques (loi de Lavoisier). iv) Un agent oxydant est capable d'éliminer les électrons d'un agent réducteur. Par conséquent, les agents réducteurs donnent (ou perdent) des électrons et des agents oxydants reçoivent (ou gagnent) des électrons.

Q15. $BaCl_2$ réagit avec H_2SO_4 pour donner $BaSO_4$ et HCl. Déterminer l'état d'oxydation de Ba dans $BaCl_2$ et S dans H_2SO_4. Écrire une réaction équilibrée.

Sol15. L'état d'oxydation de Cl est souvent -1 et ceux de O et H sont respectivement -2 et +1. Dans $BaCl_2$, (Ba) + 2 (-1) = 0. Donc, l'état d'oxydation de Ba dans $BaCl_2$ est +2.

De même, dans H_2SO_4, 2 (+1) + (S) + 4 (-2) = 0. Par conséquent, l'état d'oxydation de S dans H_2SO_4 est +6.

La réaction équilibrée pourrait être écrite comme:

$BaCl + H_2SO_4 \rightarrow BaSO_4 + 2HCl$

Notez bien que HCl est multiplié par un facteur de 2 pour équilibrer la masse des deux côtés de la réaction. La charge des deux côtés est nulle, ce qui signifie que la réaction est équilibrée.

Q16. Identifier l'état d'oxydation du zinc (Zn) dans $ZnCO_3$ et du cobalt (Co) dans $CoBr_2$.

Sol16. Les neuf règles indiquent que l'état d'oxydation de O est -2 et celui de C est + 4. Ainsi, Zn + 4 + 3 (-2) = 0. L'état d'oxydation de Zn dans $ZnCO_3$ est +2.

Dans $CoBr_2$, l'état d'oxydation de Br est -1. Par conséquent, Co + 2 (-1) = 0. L'état d'oxydation de Co dans $CoBr_2$ est +2.

Q17. Déterminer les états d'oxydation des éléments soulignés dans chaque composé: $Na\underline{I}O_3$, $Al_2(\underline{S}O_4)_3$, $Na_2\underline{O}_2$ et $Ca\underline{H}_2$.

Sol15. Dans $NaIO_3$, l'état d'oxydation de Na est souvent +1 et celui de O est -2. Par conséquent, +1 + I + 3 (-2) = 0. L'état d'oxydation de I dans $NaIO_3$ est +5.

Dans $Al_2(SO_4)_3$, l'état d'oxydation de Al est souvent +3 et celui de O est -2. Par conséquent, 2 (+3) + 3S + 12 (-2) = 0. L'état d'oxydation de S dans $Al_2(SO_4)_3$ est de +6.

Dans Na_2O_2, l'état d'oxydation de Na est +1. Par conséquent, 2 (+1) + 2O = 0. L'état d'oxydation de O dans Na_2O_2 est -1.

Dans CaH_2, l'état d'oxydation de Ca est de +2. Par conséquent, +2 + 2H = 0. L'état d'oxydation de H dans CaH_2 est -1.

Q18. Le fer (Fe) en présence d'oxygène et d'humidité conduit à la corrosion du métal suivant la réaction.

Fe + O$_2$ + H$_2$O → Fe^{2+} + OH$^-$

Écrire les demi-réactions d'oxydation et de réduction ainsi que la réaction globale équilibrée. Quels produits sont formés pendant ce processus de corrosion?

Sol18. La première étape consiste à identifier les deux couples redox. Ici, Fe/Fe^{2+} et O$_2$/OH$^-$. Comme la réaction est liée à la corrosion, il n'est pas nécessaire de vérifier les potentiels de réduction standard pour déterminer quel couple va s'oxyder ou réduire car l'oxygène est l'oxydant dans ce cas.

Oxydation: (Fe → Fe^{2+} + 2e^-) × 2

Réduction: O$_2$ + 4e^- + 2H$_2$O → 4OH$^-$

Notez bien que la demi-réaction de réduction implique 4 électrons, et pour éliminer le nombre d'électrons dans la réaction globale, la réaction d'oxydation est multipliée par un facteur de 2.

La réaction globale équilibrée pourrait être écrite comme suit:

2Fe + O$_2$ + 2H$_2$O → 2Fe^{2+} + 4OH$^-$

Le produit résultant de cette réaction est principalement de l'hydroxyde de fer (Fe(OH)$_2$). Notez bien que la corrosion peut également conduire à d'autres formes d'hydroxyde et/ou d'oxyde en fonction des conditions.

Q19. Déterminer si la réaction entre H$_2$ et F$_2$ est un processus redox.

H$_2$ + F$_2$ → 2HF

Sol19. Pour déterminer si la réaction est redox, les nombres d'oxydation de H et F doivent être identifiés des deux côtés de la réaction et comparés. Du côté des réactifs, les deux H et F ont des états d'oxydation de 0. De côté des produits, leurs états d'oxydation ont changé à +1 et -1, respectivement. En conséquence, on peut conclure que la réaction est redox parce que les états d'oxydation des éléments dans les composés sont altérés.

Q20. Déterminer les états d'oxydation de Cr dans CrO$_4^{2-}$ et HCr$_2$O$_7^-$.

Sol20. Le nombre d'oxydation de O est souvent -2 et celui de H est +1. La charge globale de CrO$_4^{2-}$ est de -2. Ainsi, Cr + 4 (-2) = -2. L'état d'oxydation de Cr dans CrO$_4^{2-}$ est de +6.

Dans HCr$_2$O$_7^-$, la charge globale de l'ion est -1. Par conséquent, +1 + 2 (Cr) + 7 (-2) = -1. L'état d'oxydation du Cr dans HCr$_2$O$_7^-$ est de +6.

Q21. i) La réaction suivante est-elle un processus redox: 2Ag + Cl$_2$ → 2AgCl?

ii) Si oui, pourquoi? iii) Déterminer les réducteurs et les oxydants.

Sol21. i) Pour déterminer si la réaction est redox, les nombres d'oxydation de Ag et Cl devraient changer. Du côté des réactifs, les deux Cl et O ont des états d'oxydation de 0. De côté des produits, leurs états d'oxydation ont changé à +1 et -1, respectivement. Puisque les états d'oxydation sont modifiés, la réaction est donc redox.

ii) Comme l'état d'oxydation de l'Ag augmente, Ag est oxydé en Ag^+. En revanche, puisque l'état d'oxydation de Cl_2 diminue, Cl_2 est réduit en Cl^-. Les deux demi-réactions peuvent être résumées comme suit:

Oxydation: $(Ag \rightarrow Ag^+ + e^-) \times 2$

Réduction: $Cl_2 + 2e^- \rightarrow 2Cl^-$

Pour éliminer les électrons dans la réaction globale, la réaction d'oxydation est multipliée par un facteur de 2 pour donner: $2Ag + Cl_2 \rightarrow 2AgCl$

L'oxydant est l'espèce qui a gagné des électrons (Cl_2) et le réducteur est l'espèce qui a perdu des électrons (Ag).

Q22. Déterminer si les réactions proposées impliquent des processus redox. Si oui, expliquer pourquoi et déterminer les espèces oxydantes et réductrices, ainsi que les réactions d'oxydation et de réduction.

$2Na_{(s)} + Cl_{2(g)} \rightarrow 2NaCl_{(s)}$

$CH_{4(g)} + 2O_{2(g)} \rightarrow CO_{2(g)} + 2H_2O_{(g)}$

$Mg^{2+} + Cu \rightarrow Mg + Cu^{2+}$

Sol22. Pour déterminer si les réactions impliquent des processus redox, les nombres d'oxydation des éléments dans chaque composé doivent être calculés.

Pour $2Na_{(s)} + Cl_{2(g)} \rightarrow 2NaCl_{(s)}$, les deux Na et Cl_2 ont des états d'oxydation de 0 de chaque côté. Du côté des produits, leurs états d'oxydation ont changé à +1 et -1, respectivement. Puisque les états d'oxydation sont modifiés, la réaction est donc redox. Cette réaction globale pourrait être divisée en deux demi-réactions d'oxydation et de réduction.

Oxydation: $2Na \rightarrow 2Na^+ + 2e^-$

Réduction: $Cl_2 + 2e^- \rightarrow 2Cl^-$

Na est l'espèce qui a perdu des électrons ou le réducteur et Cl_2 est l'espèce qui a gagné les électrons ou l'oxydant.

Pour $CH_{4(g)} + 2O_{2(g)} \rightarrow CO_{2(g)} + 2H_2O_{(g)}$, l'état d'oxydation de C passe de -4 à +4 et celui de O de 0 à -2. Par conséquent, la réaction est également redox. Cette réaction globale pourrait être divisée en deux demi-réactions d'oxydation et de réduction. Pour équilibrer la réaction en masse, H_2O et H^+ sont ajoutés des deux côtés, et pour éliminer le nombre d'électrons dans la réaction globale, la seconde demi-réaction est multipliée par un facteur de 2.

Oxydation: $CH_{4(g)} + 2H_2O \rightarrow CO_{2(g)} + 8e^- + 8H^+$

Réduction: $(O_2 + 4H^+ + 4e^- \rightarrow 2H_2O_{(g)}) \times 2$

L'espèce qui a perdu des électrons est $CH_{4(g)}$ (réducteur) et l'espèce qui a gagné des électrons est O_2 (oxydant).

Pour $Mg^{2+} + Cu \rightarrow Mg + Cu^{2+}$, l'état d'oxydation de Mg passe de +2 à 0 et celui de Cu de 0 à 2+. Par conséquent, la réaction est également redox, ce qui pourrait être divisé en deux demi-réactions.

Oxydation: $Mg \rightarrow Mg^{2+} + 2e^-$

Réduction: $Cu^{2+} + 2e^- \rightarrow Cu$

L'espèce qui a perdu des électrons est Mg (réducteur) et celle qui a gagné des électrons est Cu^{2+} (oxydant).

Q23. Équilibrer l'équation suivante en utilisant le nombre d'oxydation et/ou la méthode de demi-réaction.

$Cr_2O_{3(s)} + Al_{(s)} \rightarrow Cr_{(s)} + Al_2O_{3(s)}$

Sol23. La première étape consiste à déterminer les états d'oxydation de chaque élément des deux côtés de la réaction.

$$Cr_2O_{3(s)} + Al_{(s)} \rightarrow Cr_{(s)} + Al_2O_{3(s)}$$
$$3 \; 2- \quad\quad 0 \quad\quad 0 \quad\quad 3 \; 2-$$

Ensuite, identifier les espèces qui ont perdu des électrons (demi-réaction d'oxydation) et qui ont gagné des électrons (demi-réaction de réduction).

L'état d'oxydation de Cr diminue de +3 dans $Cr_2O_{3(s)}$ à 0 dans $Cr_{(s)}$. Par conséquent, il y a un gain de 3 électrons (demi-réaction de réduction).

L'état d'oxydation de Al a augmenté de 0 dans $Al_{(s)}$ à +3 dans $Al_2O_{3(s)}$. Par conséquent, il y a une perte de 3 électrons (demi-réaction d'oxydation).

Les deux demi-réactions peuvent donc être résumées comme suit:

Oxydation: $Cr_2O_{3(s)} \rightarrow 2Cr_{(s)} + 6e^-$

Réduction: $2Al_{(s)} + 6e^- \rightarrow Al_2O_{3(s)}$

Les deux réactions sont déséquilibrées en masse. La masse pourrait être équilibrée en ajoutant

H$_2$O et H$^+$ des deux côtés.

Oxydation: $\quad$ Cr$_2$O$_{3(s)}$ + 6H$^+$ $\rightarrow$ 2Cr$_{(s)}$ + 6e^- + 3H$_2$O

Réduction: $\quad$ 2Al$_{(s)}$ + 6e^- + 3H$_2$O $\rightarrow$ Al$_2$O$_{3(s)}$ + 6H$^+$

L'étape suivante consiste à additionner les deux demi-réactions, ainsi qu'à éliminer le nombre d'électrons et d'autres espèces récurrentes.

Cr$_2$O$_{3(s)}$ + 6H$^+$ + 2Al$_{(s)}$ + 6e^- + 3H$_2$O $\rightarrow$ 2Cr$_{(s)}$ + 6e^- + 3H$_2$O + Al$_2$O$_{3(s)}$ + 6H$^+$

La réaction équilibrée pourrait être écrite comme: $\quad$ Cr$_2$O$_{3(s)}$ + 2Al$_{(s)}$ $\rightarrow$ 2Cr$_{(s)}$ + Al$_2$O$_{3(s)}$

Notez bien que des réactions simples comme celle-ci pourraient simplement être équilibrée en essayant quelques facteurs de multiplication mais la méthode citée ci-dessus aide à équilibrer la plupart des réactions (simples ou complexes). Par conséquent, les étudiants sont fortement conseillés à se familiariser avec la méthode.

Q24. Équilibrer la réaction suivante en utilisant les nombres d'oxydation et/ou la méthode de demi-réaction. AgNO$_3$ + Cu $\rightarrow$ Cu(NO$_3$)$_2$ + Ag

Sol24. La première étape consiste à attribuer l'état d'oxydation de chaque élément des deux côtés de la réaction et à identifier les demi-réactions d'oxydation et de réduction.

$$\text{AgNO}_3 + \text{Cu} \rightarrow \text{Cu(NO}_3)_2 + \text{Ag}$$
$$1\ 5\ 2\text{-}\ \ \ 0\ \ \ \ \ \ 2\ 5\ 2\text{-}\ \ \ \ 0$$

L'état d'oxydation de Ag a diminué de +1 dans AgNO$_3$ à 0 dans Ag. Ainsi, il y a un gain de 1 électron (demi-réaction de réduction). L'état d'oxydation de Cu a augmenté de 0 dans Cu à +2 dans Cu(NO$_3$)$_2$. Par conséquent, il y a une perte de 2 électrons (demi-réaction d'oxydation).

Oxydation: $\quad$ Cu^0 $\rightarrow$ Cu(NO$_3$)$_2$ + 2e^-

Réduction: $\quad$ (AgNO$_3$ + 1e^- $\rightarrow$ Ag^0) × 2

L'étape suivante consiste à multiplier la réaction de réduction par un facteur de 2 pour obtenir le même nombre d'électrons que la demi-réaction d'oxydation.

Les deux demi-réactions pourraient maintenant être ajoutées pour éliminer le nombre d'électrons et donner une réaction globale équilibrée.

2AgNO$_3$ + Cu $\rightarrow$ Cu(NO$_3$)$_2$ + 2Ag

Q25. Équilibrer la réaction suivante en utilisant les nombres d'oxydation et/ou la méthode de demi-réaction.

Ag$_2$S + HNO$_3$ $\rightarrow$ AgNO$_3$ + NO + S + H$_2$O

Sol25. La première étape consiste à attribuer l'état d'oxydation de chaque élément des deux côtés de la réaction et à identifier les demi-réactions d'oxydation et de réduction.

$$Ag_2S \ + \ HNO_3 \ \rightarrow \ AgNO_3 \ + \ NO \ + \ S \ + \ H_2O$$
$$\ \ 1 \ \ 2\text{-} \ \ \ \ 1\ 5\ 2\text{-} \ \ \ \ \ \ \ \ 1\ 5\ 2\text{-} \ \ \ \ 2\ 2\text{-} \ \ \ 0 \ \ \ 1\ 2\text{-}$$

L'état d'oxydation de S est passé de -2 dans Ag_2S à 0 dans S. Ainsi, il y a une perte de 2 électrons (demi-réaction d'oxydation). L'état d'oxydation de N a diminué de +5 dans HNO_3 à +2 dans NO. Par conséquent, il y a un gain de 3 électrons (réaction de réduction). Les deux demi-réactions peuvent être résumées comme suit:

Oxydation: $(2NO_3 + \ Ag_2S \ \rightarrow \ S \ + 2e^- + 2AgNO_3) \times 3$

Réduction: $(3H^+ + \ HNO_3 + 3e^- \ \rightarrow \ NO \ \ + 2H_2O) \times 2$

Pour éliminer le nombre d'électrons dans la réaction globale, la réaction d'oxydation est multipliée par un facteur de 3, représentant le nombre d'électrons impliqués dans la réaction de réduction.

La dernière étape consiste à additionner les deux demi-réactions pour obtenir une réaction globale équilibrée.

$$3Ag_2S + 8HNO_3 \rightarrow 6AgNO_3 + 2NO + 3S + 4H_2O$$

Q26. Déterminer si la réaction entre HCl et NaOH est un processus d'oxydoréduction.

$$HCl + NaOH \rightarrow NaCl + H_2O$$

Sol26. Pour déterminer si la réaction est redox, les nombres d'oxydation de Cl et O doivent être identifiés des deux côtés de la réaction et comparés. Du côté des réactifs, Cl et O ont des états d'oxydation de -1 et -2, respectivement. Du côté des produits, leurs états d'oxydation sont restés les mêmes. Donc, on peut conclure que la réaction n'est pas redox parce que les états d'oxydation des éléments dans les composés sont restés inchangés.

Table des Matières

Offres de remises	1
Introduction	2
Sommaire	3
1. Réactions d'oxydoréduction (ou électrochimiques)	3
2. État (ou nombre) d'oxydation	4
3. Identification d'oxydant et de réducteur	4
4. Attribution d'état (ou nombre) d'oxydation	5
5. Équilibrer des réactions d'oxydoréduction	6
5.1. Méthode du nombre d'oxydation	6
5.2. Méthode de demi-réaction	7
Résumé	8
Références	8
Questions Pratiques et Problèmes avec Solutions	10
Table des matières	24
À Propos De l'Auteur	26

www.ingramcontent.com/pod-product-compliance
Lightning Source LLC
Chambersburg PA
CBHW062237220526
45471CB00009B/3526